ESSAI

SUR LA POMME DE TERRE.

DE L'IMPRIMERIE DE POUSSIELGUE-RUSAND,

IMPRIMEUR DE S. A. R. M. LE DUC DE BORDEAUX,

rue de Sèvres, n. 2.

ESSAI

SUR LA POMME DE TERRE

contenant

Le meilleur mode de culture de ce tubercule, ses divers emplois, et les procédés de panification auxquels on peut le soumettre, même après qu'il a été gelé; à l'usage des classes peu fortunées de la société;

SUIVI

DE LA RÉFUTATION DE LA BROCHURE INTITULÉE : *LE PAIN A UN SOU LA LIVRE*;

Par M. Saulnier d'Anchald,

Membre de l'académie des sciences et arts de Clermont, du conseil départemental d'agriculture du Puy-de-Dôme, correspondant des sociétés royale et centrale de Paris et de celles de l'Allier, etc.; auteur du Manuel d'agriculture pour le centre de la France.

A PARIS,

CHEZ ROUSSELON, LIBRAIRE,
RUE D'ANJOU-DAUPHINE, N. 9.
1830.

A l'exemple de l'auguste famille des Bourbons, toutes les classes de la société se sont empressées à procurer à l'indigence des secours qu'un hiver désastreux a rendus partout nécessaires.

Le détail des bienfaits répandus dans les villes était un grand stimulant pour les personnes aisées, disséminées dans les différentes communes de France; mais elles étaient attristées quand elles songeaient que les fortunes étaient bornées et que la classe indigente qui les entourait était très nombreuse; il était indispensable pour tout homme compatissant de multiplier ses bienfaits et de les proportionner aux besoins des malheureux.

La pomme de terre, offrant le moyen le plus économique d'obtenir une nourriture saine, en la faisant entrer comme base principale dans les soupes économiques et dans la confection du pain , a dû fixer particulièrement l'attention des personnes bienfaisantes.

Il est fâcheux que ce précieux tubercule soit si fort exposé à la fermentation qui en occasionne la pourriture, et surtout à la gelée qui le désorganise complètement. Dans ce dernier état, le peuple est habitué à en faire consommer la plus grande quantité par les bestiaux jusqu'au dégel. Lorsqu'il est arrivé, il jette dehors comme inutile tout ce qui n'a pu être consommé.

Cependant il existe plusieurs moyens de tirer un parti avantageux des pommes de terre gelées, et même huit ou dix jours après leur amollissement, ainsi que je viens d'en faire l'expérience.

Plusieurs personnes, effrayées du vide immense qu'allait occasionner la perte des pommes de terre par la gelée, se sont empressées de faire connaître différens procédés pour les uti-

liser ; je suis de ce nombre dans le département du Puy-de-Dôme , où ce
tubercule est ordinairement abondant.

Aussitôt après avoir réussi à faire
du pain avec *des pommes de terre
gelées* , pain qui , partout , a été reconnu très bon et réunissant toutes
les qualités de celui confectionné avec
les pommes de terre saines et non gelées , je n'ai rien eu de plus pressé que
de propager mon procédé en l'en-
voyant à monsieur le préfet de mon
département, qui le fit insérer dans
ses actes administratifs. Il fut fait mention de deux sortes de panifications
dans le journal du Puy-de-Dôme ; et
messieurs les maires et curés des douze
communes qui m'environnent reçu-
rent aussi, avec la recette, un échan-
tillon de ce même pain. Malgré toutes
ces précautions, et le soin que je pre-
nais moi-même à déterminer les pauvres habitans de ma commune par

mes conseils, par mon exemple, par le pain que je leur distribuais et qu'ils venaient chercher avec empressement aussitôt qu'il était cuit', j'ai vu, avec peine, qu'une faible partie *des pommes de terre gelées* avait été utilisée. J'en ai cherché la cause et j'ai cru devoir l'attribuer,

1° A l'impossibilité de faire connaître à temps ce procédé à la plupart des cultivateurs;

2° A la rareté des farines qu'il était difficile de se procurer, les chemins se trouvant obstrués par les neiges;

3° A la rareté du combustible chez la plupart des petits cultivateurs;

4° Au peu de conviction de réussite, surtout parmi le peuple, qui tient à ses préjugés et à ses habitudes;

5° A la crainte qu'avaient plusieurs d'entre eux de faire pénétrer la gelée plus avant dans leurs tas dès qu'ils seraient découverts;

6o Enfin à la difficulté de reconnaître, dans un grand tas de pommes de terre, celles qui sont gelées et celles qui ne le sont pas : ce qui ne se manifeste bien positivement que par l'amollissement.

Je ne vois qu'un moyen pour obvier, à l'avenir, à la plupart de ces inconvéniens, c'est d'avoir une instruction très succincte et très simple que l'on trouverait dans les presbytères et mairies des communes où l'on cultive une grande quantité de pommes de terre. Là seraient réunis les meilleurs procédés pour utiliser ces tubercules dans l'état de fraîcheur, mais surtout dans les années calamiteuses, lorsqu'ils seraient atteints par la gelée. Aussitôt que ce malheur serait arrivé, les pauvres gens iraient chez leur pasteur chercher des consolations morales et physiques ; celui qui aurait de la farine et du bois se ferait expliquer la meilleure recette pour faire du pain suivant ses moyens; celui qui serait dépourvu de bois et de farine, et le nombre n'en est malheureusement que trop grand, recevrait encore quelque conseil pour tirer parti de ses pommes de terre, même huit ou dix jours après le dégel, ainsi que je viens de l'éprouver.

Messieurs les curés et desservans sont généralement bienfaisans, mais leurs revenus sont si modiques; ils se trouveraient au moins heureux de contribuer au soulagement de leurs paroissiens, dans les années de disette, par des conseils utiles et surtout par l'exemple de la fabrication de pain à bon marché. Les personnes aisées, à leur instigation, en feraient aussi, et l'on sait ce que peut l'exemple sur ce peuple si lent, si indécis et si difficile à persuader en fait de nouveautés agricoles. Finalement il s'établirait une concurrence pour la vente des pommes de terre gelées comme pour celles qui ne le sont pas.

Depuis long-temps la pomme de terre est en possession d'occuper les économistes, et on ne doit pas s'en étonner quand on pense combien est précieux ce tubercule, soit par les jouissances qu'il procure à l'homme riche, soit par la ressource dont il est pour le cultivateur, qui le considère aujourd'hui comme un aliment de première nécessité et le préservatif le plus assuré contre la disette. On a beaucoup écrit sur cette matière, il suffit seulement de faire un bon choix en donnant la préférence à ce qui a été bien éprouvé : voilà le travail que j'ai entrepris. Je tâcherai de ne rien laisser à désirer relativement aux détails des différentes panifications, pour lesquelles j'ai fait entrer plusieurs sortes de farine, dans les proportions depuis la moitié jusqu'au septième seulement, concurremment avec la pomme de terre. On peut compter sur l'exactitude de tous les détails que je vais donner ; tout a été fait et pesé en ma présence : je ne voulais d'abord que me rendre compte à moi-même, j'ai donc tenu des notes précises sur toutes les panifications tant de celles destinées aux pauvres, que de celles destinées aux animaux de la basse-cour. L'avantage que j'y ai trouvé m'a déterminé à publier mes procédés. Je m'estimerai heureux, si j'ai rempli convenablement le but que je me suis proposé, celui de l'utilité publique.

ESSAI

SUR LA POMME DE TERRE.

PREMIÈRE SECTION.

DES POMMES DE TERRE CONSERVÉES SAINES.

1° Utilité de la pomme de terre; son emploi comme nourriture dans les années peu abondantes en céréales; variété que l'on doit préférer; sa culture convenable et la plus économique.

Je ne crois pas qu'il soit nécessaire de m'étendre beaucoup sur l'utilité de la pomme de terre: elle est si reconnue aujourd'hui qu'elle est cultivée même dans les meilleurs terrains et qu'elle entre dans presque tous les assolemens de bonne agriculture.

Les ressources qu'elle a procurées dans les années où les céréales ont été peu abondantes, les disettes auxquelles elle a remédié plusieurs fois suffisent, bien certainement, pour déterminer à la cultiver encore plus en grand, parce qu'elle prospère davantage dans les années pluvieuses, qui souvent nuisent aux céréales, et qu'il est très rare qu'elle ne réussisse pas complètement: la grêle même ne saurait lui nuire jusqu'à un certain point.

1*

Tout bon agriculteur lui reconnaît en outre un avantage inappréciable, celui de purger le sol de toutes les herbes parasites et d'être une des plantes qui disposent, avec plus d'avantages, la terre à toutes les successions de culture : quelques personnes lui ont attribué le défaut d'épuiser la terre, cette objection ne me paraît pas fondée.

On n'éprouvera pas cet inconvénient, même dans les terrains les plus légers, lorsque l'on aura l'attention de ne faire succéder à la pomme de terre que des blés de printemps, au lieu de blés d'hiver ; et si ces derniers réussissent ordinairement mal après les pommes de terre on doit plutôt l'attribuer, dans les terrains légers surtout, à ce que la terre vient d'être remuée trop fraîchement et trop profondément, au moment même de la semaille des blés hivernaux.

D'ailleurs la pomme de terre sera moins susceptible d'épuiser la terre si on ne la plante pas trop épais. On peut dire que généralement le petit cultivateur pèche par l'excès de semence qu'il confie à la terre, dans l'espoir de récolter davantage ; mais il faut espérer que l'on parviendra à le désabuser de ce qui est nuisible et contraire à ses intérêts. En lui conseillant de planter les pommes de terre, en rayons espacés de vingt à vingt-quatre pouces (650 millim.), et à la distance de dix pouces à un pied (271 à 325 millim.), elles seront travaillées plus facilement à la pioche ou à la houe (1); on pourra même y employer un cheval, un bœuf ou un âne attelé, en premier lieu, à une petite herse triangulaire de onze à quatorze dents de fer, que l'on passera, autant de fois qu'il sera nécessaire pour diviser la terre et faire périr les mauvaises herbes, entre chaque rayon; et en second lieu, à une petite araire à deux versoirs que l'on passera deux fois pour butter les pommes de terre en observant de cesser ces travaux lorsque la fleur paraîtra, par la crainte de détourner les racines qui doivent produire les tubercules. Dans l'intervalle de deux buttages, il suffira d'arracher, à la main, les herbes qui auront été épargnées, parce qu'elles se trouvaient dans la direction des lignes. Quelques personnes ont prétendu qu'il serait avantageux de détruire les fleurs des pommes de terre, afin que toute la force de la végétation se portât sur les tubercules; je ne crois pas que cette attention doive produire autant d'effet : cependant je ne la blâmerai pas, et l'on peut en faire l'essai.

---

(1) Peu de temps après la plantation on passera la grande herse sur tout le champ de pommes de terre pour niveler la terre et détruire quelques mauvaises herbes.

Ce mode de culture joindrait à l'économie dans les sarclages, l'avantage de donner plus de labours à la terre, d'avoir une plus grande quantité de tubercules et d'un plus gros volume que par la culture ordinaire; il faciliterait en outre l'extraction des pommes de terre; et s'il fallait prouver qu'il y a une économie de temps pour la cueillette seulement, lorsqu'elles ont été semées en rayons, je dirais qu'il est arrivé souvent chez moi que six ouvriers armés d'une pioche, après avoir arraché les pommes de terre, en ont rempli dans le même jour seize tombereaux dont le moindre était de six à sept quintaux (3 quintaux ou 3 quintaux et demi métriques.)

Il existe un grand nombre de variétés de pommes de terre; sans entrer dans le détail des avantages de certaines nouvellement obtenues, on peut observer que celle qui mérite la préférence jusqu'à présent est la *pomme de terre jaune* qui joint à la fertilité, à la grosseur des tubercules, l'avantage de les avoir réunis en paquets adhérens à la tige et très abondans en fécule. Il est possible qu'une variété nouvelle lui soit un jour préférée, ou que l'on soit obligé de la renouveler, en quelque sorte, en prenant les plants dans un pays éloigné. (1)

____

(1) Dans cette culture, comme dans toutes les autres,

On pourra enfin rendre à la pomme de terre
sa force de végétation au moyen de plants
provenus de semis de graines après qu'ils
auront été bien éprouvés.

La pomme de terre procure à l'homme
riche une jouissance très grande, puisqu'elle peut être préparée pour sa table de
vingt manières différentes, toutes plus
agréables les unes que les autres. Je m'abs-
tiendrai d'en parler, cet ouvrage étant
spécialement destiné à l'utilité de la classe
indigente, et dans le seul intérêt du cultivateur.

Mais, c'est surtout dans les années calamiteuses qu'elle sera d'une grande ressource pour le peuple comme supplément
d'une nourriture bien saine. Pour les avoir
meilleures et plus agréables, il est essentiel
de réserver les pommes de terre récoltées
en terrain léger, pour la consommation de
la famille. Qu'on nous permette une petite
digression en faveur de cette classe destinée
à n'être nourrie qu'avec du pain et des
pommes de terre presque toujours cuites à
l'eau, sans qu'elle puisse se procurer une
graisse ou huile quelconque pour diversifier
un peu cet aliment. Le petit cultivateur ne
devrait-il pas cultiver, sur une petite por-

---

il est avantageux de changer les semences et plants et de
les tirer d'un lieu dont le terrain diffère de nature.

tion de son terrain, des plantes oléagi-
neuses dans le genre des colzats, dont le
produit en huile lui servirait à la prépara-
tion des pommes de terre, et les fanes à les
faire cuire ?

2₀ La pomme de terre peut être employée dans son état
de fraîcheur presque toute l'année ; elle facilite surtout
les moyens d'élever et d'engraisser un plus grand
nombre de bestiaux de la ferme et de la basse-cour.

Lorsque la pomme de terre n'éprouve
pas d'accidens par les causes que je détail-
lerai dans la seconde section, elle peut servir,
dans son état naturel de fraîcheur et pendant presque toute l'année, à l'aliment de
l'homme ainsi qu'à l'élève, la nourriture
et l'engraissement des bestiaux de la ferme
qu'il associe à ses travaux champêtres. Il
en est de même quant aux animaux de la
basse-cour : je dis presque toute l'année
parce que les pommes de terre récoltées en
automne, avec quelques légers soins, soit
en les renfermant sèches dans les celliers,
soit en les remuant au printemps lorsqu'elles fermentent et commencent à entrer
en végétation, peuvent ainsi être conservées
bonnes à manger pour la table (1), ou con-
sacrées aux bestiaux jusqu'au 15 de juillet,

____

(1) Elles seront meilleures à manger si on les fait cuire
sous la cendre ou dans un vase bien fermé, sans eau.

et que dès le 15 août et même plus tôt, on peut en récolter de nouvelles. On y parvient presque avec la seule espèce commune, mais on réussira bien mieux si, aux espèces tardives que l'on récolte en automne, telle que la tardive d'Irlande, on y joint la plantation, au premier printemps et dans un lieu chaud, de quelque espèce hâtive. Avec ces deux précautions on peut être assuré de manger en même temps les pommes de terre anciennes et les nouvelles obtenues.

On ne saurait énumérer tous les avantages qui résulteraient d'une immense quantité de pommes de terre consommées pour élever, nourrir et engraisser un grand nombre de bestiaux. Outre les bénéfices provenant de la vente de ces animaux, quel avantage pour l'agriculture que l'abondance des bons fumiers, surtout s'ils sont convertis en engrais ainsi que je l'ai détaillé dans le Manuel d'agriculture !

On perdra une partie des avantages que présente l'emploi de la pomme de terre, pour économiser le combustible on veut ire consommer crue par les bestiaux. cet état elle profite peu ; mais on dira être qu'il est difficile de faire cuire de pommes de terre dans un pays is est rare : le charbon peut y être , et on fera une grande écono- un et de l'autre si l'on fait cons- e chaudière pour que la flamme et la fumée, ne s'échappant qu'après en avoir échauffé les parois, facilitent cette cuisson. L'économie sera plus considérable si l'on peut disposer un appareil pour faire cuire les pommes de terre à la vapeur.

Cependant on peut les faire entrer crues dans une partie de la nourriture des porcs, des volailles, des vaches et même des bœufs, mais je ne conseillerais pas de les donner ainsi seules et sans addition d'autres substances; encore faut-il s'attendre à obtenir moins de travail des bestiaux consacrés au labour : quant aux chevaux, je ne crois pas qu'on puisse le tenter sans danger à moins de les donner dans l'état de panification.

3° Fabrication de la fécule; temps le plus favorable; moyens d'utiliser le parenchyme.

Les plantations des pommes de terre étant terminées, le propriétaire qui aurait à disposer d'une grande quantité de pommes de terre, après avoir réservé ce qui serait nécessaire à sa consommation jusqu'à la récolte prochaine, ne saurait mieux employer cet excédant qu'à en fabriquer de la fécule. A cette époque tout concourt à faciliter cette opération pour laquelle il faut beaucoup d'eau et un beau soleil pour sécher la farine; car ce n'est pas dans la classe ordinaire des petits cultivateurs que l'on peut posséder des étuves. Ce serait une utile

provision que cette fécule pour les années
où ces tubercules seraient moins abondans.

Après l'extraction de la fécule par le
lavage souvent répété de la râpure des
pommes de terre que tout le monde connaît,
il reste un son, un résidu que l'on appelle
parenchyme; on était dans l'habitude de le
jeter comme inutile ; maintenant on a reconnu que ce parenchyme contenait encore
beaucoup de farine : quelques personnes
l'utilisent pendant l'extraction de la fécule
en le mêlant cuit ou cru à la nourriture
des bestiaux. Si la quantité en est trop
considérable, et que l'on craigne de ne
pouvoir pas la garantir de l'échauffement,
ce à quoi l'on parvient pendant quelque
temps en y versant par intervalle quelques
seaux d'eau, on le fait sécher de la même
manière que la fécule, après l'avoir préalablement lavé jusqu'à ce que l'eau ne soit
plus rousse; lorsqu'il est sec on l'envoie au
moulin pour le convertir en farine.

4° Ressource incomparable dans les années calamiteuses
en faisant entrer les pommes de terre, dans leur état
de fraîcheur, crues et râpées, ou cuites, dans la confection du pain et dans les soupes économiques ; recette pour les soupes économiques.

Dans les années calamiteuses où les blés
seront d'un prix qui obligera le pauvre cultivateur à faire des économies, il lui serait
bien avantageux dans la confection de son

pain, de pouvoir ajouter à la farine qu'il possède une quantité égale, double ou triple de pommes de terre crues, râpées et dont l'eau serait extraite par la pression, ou enfin de pommes de terre cuites débarrassées de leur pellicule et écrasées : par là il augmentera ses moyens d'existence ; les pommes de terre ainsi employées lui profiteront infiniment plus, elles seront plus saines, plus nourrissantes et plus agréables lorsqu'elles auront subi la fermentation panaire. Je ne donnerai pas maintenant les proportions ni la manière de fabriquer le pain ; je renvoie ces détails à la seconde section, deuxième article : Moyen d'utiliser les pommes de terre gelées.

Les pommes de terre pelées, coupées en tranches minces et cuites avec d'autres légumes, peuvent aussi être employées de la manière sans doute la plus utile, dans la confection des soupes économiques. Le petit cultivateur peut l'exécuter chez lui jusqu'à un certain point, mais comme elle exige une longue cuisson et par conséquent des chaudières économiques pour diminuer la dépense du combustible, on doit plutôt les considérer comme plus à l'usage des établissemens de charité et des personnes aisées qui sont dans l'intention de secourir la classe indigente. La fabrication en est assez connue, et si je donne ici une recette pour la faire, je ne l'indique pas comme la meilleure, mais seulement comme celle qui m'a toujours réussi.

Recetté pour les soupes économiques; chaudière contenant quatre-vingts pintes ou litres.

A cinq heures du matin le feu sera allumé sous la chaudière qui sera presque remplie d'eau; lorsqu'elle sera en ébullition, on mettra quarante huit livres (24 kil.) de pommes de terre pelées et coupées en tranches minces, et douze livres (6 kil.) de légumes secs, tels que pois, fèves, haricots ou lentilles : on maintiendra la chaudière en ébullition douce.

A dix heures on mettra vingt onces de sel (62 décag.) et une livre et demie (3/4 de kilo.) d'huile de noix, de chenevis, de colzat, suivant les pays, ou enfin de beurre ou graisse quelconque.

A midi il faut commencer à agiter la soupe avec une spatule ou cuiller de bois et continuer de remuer souvent jusqu'à la fin de la cuisson, pour empêcher que rien ne se coagule au fond du vase.

A une heure on mettra dans la chaudière quatre livres (2 kilo.) de pain blanc coupé en petits morceaux.

A deux heures et demie on ajoutera vingt-huit livres (14 kilo.) de pain bis coupé en tranches minces. Dès ce moment il faudra maintenir la chaudière pleine, au moyen d'eau chaude que l'on aura à sa disposition.

A trois heures on fera la distribution.

Dans les années où abondent les légumes verts, tels que choux, raves, carottes, oignons, poireaux, on en mettra une certaine quantité de chaque espèce, et l'on diminuera un peu celles de pommes de terre et de légumes secs ci - dessus indiquées. Toutes les fois que l'abondance des légumes verts a permis d'en faire usage, la soupe a été bien meilleure.

La chaudière ci-dessus, bien pleine au moment de la distribution, fournira cent soixante rations d'une écuellée à contenir une demi-pinte ou demi-litre. Année commune, elle revient à un sou la ration; elle sera excellente si elle est soignée pour la cuisson, et surtout si l'on empêche qu'elle ne contracte un goût de brûlé faute de remuer suffisamment avec la cuiller de bois.

Je ne veux pas terminer cette première section sans parler d'un moyen qui a été indiqué pour préserver les pommes de terre de la germination : il consiste à les enterrer à quatre pieds au moins de profondeur et à intercepter l'air extérieur par une forte couche de sable ou de terre; on a même été jusqu'à dire que l'on pouvait ainsi conserver les pommes de terre au-delà d'une année.

Je ne contredirai point la possibilité de cette réussite, lorsque l'on pourra pratiquer

les creux dans des tufs calcaires très secs,
parce que je ne l'ai pas éprouvé ; mais je
puis assurer que l'expérience m'a appris
que dans les terrains granitiques, ceux enfin
qui, comme chez moi, sont très humides,
on ne parviendrait pas à préserver de la
germination les pommes de terre à quelque
profondeur qu'on les mît, et qu'il y aurait impossibilité de les conserver d'une
année à l'autre sans les exposer à la pourriture.

SECONDE SECTION.

DES POMMES DE TERRE ALTÉRÉES PAR LA GELÉE.

Moyen de préserver les pommes de terre de la gelée.

Parmi les moyens indiqués pour préserver les pommes de terre de la gelée, il en est peu qui n'aient quelque inconvénient. Il est bien reconnu que c'est dans un cellier où il ne gèle pas que les pommes de terre sont le plus convenablement placées pour être conservées saines et sans contracter aucun mauvais goût; quelque chaud que soit le cellier, le froid peut y pénétrer par négligence ou même sans négligence, par suite d'une grande intensité : nous venons d'en faire une malheureuse expérience. Mais si le cellier est très chaud, on doit craindre dans les années où le froid est moins rigoureux que le tas de pommes de terre ne s'échauffe. Le danger augmente lorsque l'amas est très considérable et que les pommes de terre ont été fermées avant d'être séchées à l'air libre. On peut éviter ce danger en mettant par intervalle quelques fagots ou lattes, placés verticalement, pour donner de l'air à la masse, et même en la remuant souvent si les fagots ne suffisaient pas.

Le meilleur moyen préservatif de la gelée

qui est souvent pratiqué par le simple cultivateur, privé d'un cellier chaud, consiste à faire plusieurs creux, de trois à quatre pieds de profondeur s'il est possible, dans un terrain sec, et d'y mettre dans les uns les pommes de terre destinées à la plantation et dans les autres les pommes de terre qui doivent être consommées; on les retire de chaque creux au fur et à mesure du besoin. Il est bien rare que le froid puisse pénétrer dans ces trous si l'on a mis de la paille au fond, autour des parois et par-dessus, et recouvert l'ensemble d'une grande quantité de terre, même au besoin de fumier pailleux. Lorsqu'on n'a plus de froid à redouter il faut se hâter de sortir les tubercules; mais il arrive quelquefois que les pommes de terre ont contracté un mauvais goût dans ces creux : cependant je conseille aux petits cultivateurs, dont les maisons sont si accessibles au froid, d'enterrer leurs pommes de terre pour les préserver de la gelée; ils doivent aussi chercher à les garantir de l'infiltration des eaux dans les creux, au moyen de rigoles extérieures qui les détournent et d'une rase d'écoulement à l'intérieur, lorsque cela sera possible, pour empêcher le séjour de l'eau qui pourrirait promptement les pommes de terre.

Quant aux celliers où l'on met les pommes de terre, il sera prudent de revêtir de paille les murs contre lesquels elles sont placées, pour les garantir du givre dont se couvrent presque toujours intérieurement les murs dans les grandes gelées. Une grande quantité de paille doit aussi être écartée par-dessus toute la masse des pommes de terre.

Dans les creux, comme dans les celliers, elles seront moins exposées à la gelée si elles y ont été renfermées bien sèches.

Différentes manières d'utiliser les pommes de terre gelées.

Comme il est à craindre que plusieurs personnes aient négligé de prendre les précautions convenables pour garantir leurs pommes de terre de la gelée, ou que nonobstant toutes les précautions, la gelée ne parvienne à les atteindre dans les magasins, il est à propos que l'on connaisse tous les moyens de tirer un parti avantageux des *pommes de terre gelées*.

Première panification à l'usage de l'homme.

Le meilleur moyen d'utiliser les *pommes de terre gelées* est sans doute de les employer dans la confection du pain, puisqu'il est prouvé, par l'expérience de plusieurs personnes et surtout par celle que je viens de faire dans le département du Puy-de-Dôme, que le pain fait avec les *pommes de terre gelées* ne le cède en rien pour la beauté et la bonté à celui que l'on connaissait déjà, et qui était fait avec les pommes de terre saines et dans leur état de fraîcheur, sans qu'il soit nécessaire d'ajouter plus de farine dans un cas que dans l'autre : voici le procédé.

Si vous désirez employer cent livres (50 kilo.) de farine de froment, de seigle ou même d'orge, vous vous procurerez un premier levain du poids de vingt livres (10 kil.), c'est à dire du cinquième du poids total ; il est essentiel que ce levain soit le meilleur et le plus frais possible, depuis un jour jusqu'à huit ; et dans le cas où vous n'auriez pu vous procurer un levain de ce poids, vous l'auriez formé aisément la veille avec une addition de farine jusqu'à due concurrence. Ce levain de 10 kilo. sera délayé avec quinze livres (7 kil. et demi) de farine dans une eau suffisante, mais plus ou moins chaude suivant que le temps sera plus ou moins froid, de manière cependant à y endurer la main même dans les temps les plus froids, et suivant que la maie destinée à recevoir le levain est placée dans un pétrin dont la température est plus ou moins douce.

Dans l'espace de vingt-quatre heures, vous pouvez juger si le levain a suffisamment fermenté, par l'odeur légèrement acide qui s'en émane, et à son volume qui a dû en être augmenté d'un tiers ; dans le cas où la fermentation ne se manifesterait pas, vous le laisseriez vingt-quatre heures de plus. Mais si ces conditions sont remplies, vous mettez de l'eau froide dans une chaudière, vous l'emplissez de pommes de terre gelées, de la même manière que si elles étaient saines, en la remplissant cependant un peu moins si les pommes sont amollies par le dégel, parce qu'elles absorbent un peu plus d'eau et augmentent du même volume qu'elles avaient avant la décomposition; dans le cas où elles seraient malpropres et terreuses, il aurait fallu préalablement les laver. Elles seront cuites par le procédé ordinaire, en observant qu'elles seront plus lentes à cuire que celles qui n'auraient pas été gelées. Il faut calculer sur un tiers de plus de combustible. On débarrasse de leur pellicule les pommes de terre cuites, que l'on soumet immédiatement, par petites portions, à la pression d'un rouleau qui les écrase d'autant plus facilement qu'elles sont plus chaudes. On les jette ainsi dans la maie (1) où se trouve le levain; on continue l'opération jusqu'à ce que l'on ait formé avec lesdites pommes de terre cuites un poids de deux quintaux (un quintal métrique.) On amalgame de son mieux les pommes de terre au levain de la maie, et

---

(1) On l'appelle quelquefois pétrin.

sans y ajouter de l'eau; (quelque dur que
soit le mélange dans ce moment, il deviendra trop mou, trop liquide le lendemain.)

Douze ou quinze heures après, on fait le
pétrissage de la pâte en y mêlant le surplus
de la farine dont il doit rester soixante-
cinq livres (37 kilog. 1/2), qui seront peut-
être nécessaires en totalité pour rendre la
pâte suffisamment dure; cependant il serait
préférable que l'on pût en réserver 8 ou 10
livres (4 à 5 kilog,) pour la confection des
pains.

Aussitôt que ce pétrissage est achevé, on
met environ 18 onces (1/2 kilog. 1/8) de
sel pulvérisé très fin, que l'on tâche de ré-
pandre sur la totalité.

Une ou deux heures après on s'occupera
de confectionner les pains, que dans cer-
tains pays on connaît sous le nom de tourtes parmi les cultivateurs; on pourra les
faire du poids de 15 à 20 livres chaque
(8 à 10 kilog.), et si l'on n'avait pu mettre
de côté les 8 ou 10 livres (4 à 5 kilog.)
dont il est parlé plus haut, ou si elles ne
suffisaient pas et que la pâte fût encore
trop molle, il faudra ajouter de la farine
qu'il sera prudent d'avoir en réserve à cette
fin. Les pains seront mis dans le four, chauffé
à la manière ordinaire, mais on les y lais-
sera une demi-heure ou trois quarts d'heure
de plus. Quoique vous ayez mis 100 livres
(50 kilog.) de farine et 200 livres ou (100

kilog.) de pommes de terre, vous n'aurez
pas 300 livres (150 kilog.) de pain, vous
n'en aurez qu'environ 252 livres (126 kil.).
Vous éprouverez donc une diminution de
48 à 50 livres (24 à 25 kilog.), qu'il faut attribuer à la grande quantité d'eau contenue
dans les pommes de terre quoique cuites,
laquelle s'évaporera par la cuisson du pain.
Cette diminution se fera d'autant plus sen-
tir que les pommes de terre entreront pour
une plus grande proportion dans la panification.

Maintenant si l'on veut calculer le prix
de tout ce qui entre dans cette fabrication,
supposant que l'on emploie de la farine de
seigle dont le prix tient le milieu entre
celle de froment et celle d'orge, ou ces
deux dernières réunies en passant l'orge
au gros tamis, et que l'on ait payé les
pommes de terre gelées le prix de deux
francs, on trouvera que ce pain très bon, ne
revient pas à plus de cinq ou six centimes
la livre (ou $\frac{1}{2}$ kilog.).

Celui qui desirerait avoir du pain un peu
plus économique pourrait faire entrer les
pommes de terre dans la proportion des
trois quarts ou des quatre cinquièmes ;
alors il faudrait augmenter un peu les proportions du premier levain et le rendre
aussi dur que possible. Comme aussi, si l'on
tient à la bonté du pain et qu'il soit moins
économique, il faudra mettre la farine à

égalité de poids que les pommes de terre cuites. Dans cette dernière fabrication on pourra réduire le premier levain au dixième, et l'on aura, si l'on se sert de farine fine de froment, un pain qui, pour la couleur comme pour le goût, équivaudra à ce que l'on appelle brioche, ou tout au moins à ces pains où le lait est substitué à l'eau, avec l'avantage sur eux de se conserver tendres ou frais plus long-temps. Ce pain si délicat coûterait maintenant de deux à trois sols, dix à quinze centimes la livre (ou le $^{1}/_{2}$ kilog.).

Pour la confection de plusieurs de ces pains il sera possible d'y faire entrer la fécule de pomme de terre ; dans cet état, ce tubercule n'est pas reconnaissable ; aussi beaucoup de boulangers en font-ils usage sans qu'on s'en doute.

Lorsque la gelée aura frappé une grande quantité de pommes de terre, il conviendra d'employer au plus tôt celles qui seront destinées à servir d'aliment à l'homme, parce qu'elles seront d'une qualité supérieure à celles qui seront utilisées plus tard ; mais ces dernières pourront encore être soustraites à la perte totale, en les destinant à d'autres usages, à la nourriture ou à l'engraissement des bestiaux. C'est à quoi l'on parviendra au moyen de la panification suivante.

Seconde panification plus économique et plus expéditive, à l'usage des bestiaux.

Il ne faut pas regarder comme perdues les pommes de terre qui paraîtraient un peu décomposées par un amollissement qui se serait manifesté depuis huit à dix jours. Dans cet état j'en ai employé à la fabrication d'une espèce de pain pour les bestiaux, dans lequel la farine d'orge entrait pour de très faibles proportions. C'est en janvier et février dernier que je suis parvenu à me procurer ainsi une nourriture qui a fort bien engraissé les porcs et entretenu tous les animaux de ma basse cour; elle a duré plusieurs mois et s'est bien conservée avec la seule précaution de remettre dans le four après la sortie du pain, les tourtes qui restaient à consommer au bout du premier mois. J'employais les *pommes de terre gelées* cuites, non pelées, écrasées avec la main seulement, ce qui est bien plus expéditif, dans les proportions d'abord des quatre cinquièmes, puis des cinq sixièmes et enfin des six septièmes, avec de la farine d'orge non passée au tamis. Je n'ai pas osé aller au delà de cette dernière proportion, par la crainte que j'avais qu'en la dépassant les pains ne pussent se soutenir. Dans la confection de ce pain pour les animaux de la basse-cour j'ai toujours eu l'attention d'augmenter les proportions du premier levain relativement à la quantité de pommes de terre employées, et j'ai fait mettre du sel comme dans le pain destiné aux pauvres, n'ignorant pas que le sel contribuait à le rendre appétissant, salubre et dans le cas de se conserver plus longtemps; il est utile de le laisser dans le four une heure de plus que le pain ordinaire. J'ai calculé que ce pain, en comptant la farine, le sel, le bois et même les pommes de terre que j'ai achetées depuis un franc jusqu'à deux le setier, pesant deux quintaux (le quintal métrique), pouvait revenir de deux à trois centimes la livre ($^1/_2$ kilog.)

Je dois encore faire remarquer que ce pain est la nourriture la plus profitable pour engraisser les porcs, et qu'il réunit l'avantage d'être plus économique de moitié que l'engraissement à la manière ordinaire avec la pomme de terre non gelée, donnée cuite et écrasée avec une addition considérable de farine d'orge (1). Ces avantages sont dus à la fermentation panaire que l'on ne saurait trop apprécier. Au surplus, les bons effets que j'en ai éprouvés cette année sous tous les rapports d'économie,

---

(1) Ce pain doit être mis à détremper et même chauffé un peu pour faire une espèce de soupe avec les eaux de vaisselle, petit lait, etc., peu de temps avant la distribution.

de qualité et de fixation de nourriture pour un temps déterminé m'ont fait prendre la résolution de ne pas employer autrement à l'avenir les pommes de terre gelées ou non gelées pour engraisser tous les animaux de ma basse-cour, et plusieurs de mes voisins de campagne, étonnés de ces prodiges, ont annoncé semblable détermination.

Ce serait aussi un essai à faire pour l'engraissement des bœufs: je pense que cela réussirait de même en ajoutant du foin, du regain, des carottes et des raves; mais comme je n'en ai pas fait l'expérience, je ne puis l'assurer. Jusqu'à présent, j'ai été dans l'usage, pour engraisser les bœufs, de faire cuire les pommes de terre et de les soumettre à une fermentation d'environ vingt-quatre heures, dans une petite cuve avec addition de farine d'orge ou de son de froment, avant de les leur donner dans des auges en buvée; c'est à dire que laissant un petit levain dans la cuve, on y prend tous les jours la quantité nécessaire, que l'on doit faire remplacer à l'instant pour le jour suivant. Il est à présumer que le pain ci-dessus réunirait plus d'avantages, et il aurait au moins celui d'employer immédiatement une grande QUANTITÉ *de pommes de terre gelées.*

3° Procédé pour obtenir avec *les pommes de terre gelées*, qué l'on fait cuire, une farine qui peut être conservée long-temps.

Le troisième procédé pour utiliser les pommes de terre gelées consiste à les faire cuire à la manière ordinaire, puis à les écarter dans un grenier, galetas ou hangar très aéré, afin qu'elles y soient séchées. Au moment où l'on veut s'en servir, on les envoie légèrement concasser dans un moulin pour y être réduites en farine. Dans cet état, elles serviront à confectionner du pain, avec addition d'autre farine de céréales dans les proportions que l'on voudra et d'après la destination qu'on leur donnera pour les hommes ou pour les animaux de la ferme, ou tout simplement en buvées pour ces derniers, si l'on veut s'éviter la peine de la panification, peine dont on serait cependant bien dédommagé.

4° Autre procédé pour obtenir de la farine avec les *pommes de terre gelées* et non cuites.

Quant au quatrième procédé, il suffirait d'écarter en plein champ, sur un pré, à l'air libre, mais en ayant l'attention que ce ne soit pas à l'ombre d'aucun arbre, *les pommes de terre gelées*, les unes devant les autres, sans qu'elles se touchent, et de les laisser geler, dégeler successivement et finalement se sécher ainsi. Après quoi elles seront rentrées, concassées et envoyées au moulin pour y être converties en farine, laquelle peut être employée à volonté, soit à faire du potage, des bouillies que l'on dit très bonnes, soit avec addition de farine de céréales dans la fabrication du pain. Cette méthode est, dit-on, connue en Allemagne depuis 1805; le célèbre Thaër en fait mention. En Suisse près de Genève, ce procédé y a été pratiqué avec avantage d'après l'avis donné par M. Boissier à M. le baron Capelle. Le tout est relaté dans les Annales de l'agriculture française, n. 22 du IIe vol.

Si ce procédé est aussi satisfaisant qu'il paraît l'être, d'après ce qui est annoncé si authentiquement, il serait le plus simple de tous et il mériterait la préférence, puisque l'on éviterait la peine et la dépense de la cuisson. J'en ai fait l'essai chez moi, et plusieurs de mes voisins à ma sollicitation l'ont aussi tenté, j'attends avec impatience le moment de pouvoir m'en convaincre par ma propre expérience, et je le publierai avec empressement.

5° Autre procédé pour faire sécher des pommes de terre gelées qui seront réduites en farine.

La cinquième manière consiste à faire subir aux pommes de terre gelées une forte pression pour les débarrasser de l'eau qu'elles contiennent et qui sort facilement lorsqu'elles sont amollies par le dégel, de les couper en tranches minces et de les mettre dans un four immédiatement après la sortie du pain. Dans le cas où elles ne sécheraient pas suffisamment la première fois, il faudrait y revenir, mais chauffer le four légèrement ou attendre quelques heures après la sortie du pain. Légèrement concassées, elles sont envoyées au moulin pour y être réduites en farine. Trois quintaux de pommes de terre pesées avant de les mettre dans le four sont réduites au poid d'un quintal (50 kilogrammes), lorsqu'elles sont sèches. Mais ce quintal de farine de pommes de terre mêlée à un autre quintal de farine de froment a fait trois quintaux de pain manipulé à la manière ordinaire ; ce qui prouve que les pommes de terre, étant, dans cette circonstance, privées de la quantité d'eau formant dans le principe les deux tiers de son poids, absorbent dans la confection du pain près de moitié de celle qu'elle avait perdue ; tandis qu'en se servant de pommes de terre cuites, il y a plus du sixième de perte par l'évaporation de l'eau dans la cuisson, ainsi que je l'ai déjà observé. C'est un de mes voisins de campagne qui a fait cette expérience ; il m'a apporté un morceau de ce pain qu'il avait fait pour les pauvres. Il était d'un goût passable, mais un peu noir ; on n'aper-

cevait aucune trace de pommes de terre,
parce qu'il avait eu le soin de les faire
débarrasser de leurs pellicules après la
pression qui les en détachait en partie.
Il m'a apporté aussi des morceaux coupés
en tranches et séchés; ceux qui prove-
naient de pommes de terre gelées étaient
noirs, tandis que ceux qu'il avait obtenus
avec des pommes de terre non gelées avaient
une couleur blonde et transparente. La farine qu'il m'a fait voir était un peu noire
parce qu'elle était le résultat de tranches de
pommes de terre gelées et non gelées, réduites en farine et mêlées l'une avec l'autre.

RÉFUTATION

DE QUELQUES ARTICLES DE LA BROCHURE
INTITULÉE : LE PAIN A UN SOU LA LIVRE,
OU LA DISETTE IMPOSSIBLE, etc. , PAR
M. BUJAULT DE MELLE, etc. MARS 1830.
CINQUIÈME ÉDITION.

En rendant justice aux vues philanthropiques de M. Bujault de Melle, qui a donné de bons procédés, à l'usage du peuple, pour employer la pomme de terre, dans son état naturel, à la nourriture de l'homme, il sera sans doute permis à celui qui, comme lui, est animé du désir de l'utilité publique, de réfuter une partie des assertions contenues dans cette brochure, qui a obtenu un grand succès, puisqu'elle est à sa cinquième édition.

J'ai cru trouver dans cette brochure, qui vient de me tomber sous la main, des procédés pour se procurer du pain à un sou la livre, suivant son titre. Quel a été mon étonnement de voir que l'auteur n'écrit que pour blâmer la panification des pommes de terre et prouver qu'il n'y a pas de bénéfice à en faire du pain !

Je vais passer en revue les trois principaux

reproches qu'il fait à la panification des pommes de terre.

1° « Pour avoir, dit-il (page 3), un ali« ment composé, sous la forme panaire,
« d'une moitié en pommes de terre et d'une
« moitié en blé, il faudrait ajouter 3oo livres
« de pommes de terre à 1oo livres de farine
« de froment avant le blutage; cela ne s'est
« jamais fait, ni ne peut se faire : cette masse
« n'aurait pas l'apparence du pain. »

J'observerai d'abord que la panification d'un grand nombre de substances, sans en excepter les pommes de terre, a été reconnue par tous les économistes jusqu'à ce jour comme le moyen le plus agréable, le plus sain, et en même temps le plus économique; l'expérience confirme cette assertion, et c'est encore par des faits que je vais combattre l'impossibilité prétendue de faire du pain avec les trois quarts de pommes de terre.

En janvier et février derniers, j'ai fait, ainsi que plusieurs personnes à mon exemple, avec des pommes de terre cuites, du pain très bon, dans la confection duquel ces pommes de terre étaient entrées pour trois quarts, et la farine de seigle pour un quart seulement. Ce pain a été jugé meilleur pour le goût et la couleur que celui fait avec la seule farine de seigle.

Ces proportions peuvent aller bien au delà dans la panification, puisque j'ai ob-

tenu du pain de pommes de terre pour l'engraissement des porcs et des autres animaux
de la basse-cour, en ne faisant entrer la farine
d'orge ou de seigle que pour un septième ;
le pain avait bonne apparence, et a parfaitement répondu à mon attente.

M. Bujault dit encore (pages 3 et 4) : « que
« la farine de blé fermente quand on y mêle
« un levain, qu'elle se dilate et augmente
« de volume ; mais qu'il n'en est pas ainsi
« de la pomme de terre ; aucun levain n'a
« pu jusqu'à ce jour développer en elle la
« fermentation panaire : c'est ce qui s'op-
« posera toujours à la panification de cette
« substance. »

Je puis affirmer que même dans les plus
grands froids de cet hiver, où je n'employais en panification que les pommes de
terre gelées et que je faisais cuire, la fermentation s'est toujours parfaitement éta-
blie. Cependant quelques personnes avaient
prétendu que dans cet état (cuites) elles
fermentaient moins facilement. J'ai répété
douze fois les différentes panifications, dont
les moindres étaient de deux à trois quintaux, et je puis assurer que j'ai toujours
réussi à obtenir avec une addition de farine
de céréales, dans toutes les proportions,
depuis moitié jusqu'aux six septièmes de
pommes de terre, un pain toujours bien
levé, bien fait et agréable au goût.

Venons au troisième reproche fait au pain

de pommes de terre par M. Bujault, « que
« si, à cent livres de farines communes
« vous ajoutez cent livres de pommes de
« terre, vous doublerez le poids et n'aug-
« menterez que de trente - trois livres les
« parties alimentaires ; mais le pain sera
« gras, compacte, ressemblant à une terre
« argilleuse, indigeste et impropre à faire
« de la soupe. Cent trente-trois livres de
« cette masse lourde, nourrissent moins
« que cent livres de pain bien levé, bien
« cuit, bien manipulé. »

Je répondrai que tout ce paragraphe
prouve que M. Bujault n'a pas fait faire du
pain dans lequel les pommes de terre soient
entrées dans une proportion quelconque,
ou qu'il l'a fait faire sans précaution, parce
que sur cent livres de pommes de terre et
cent livres de farine il y aura une perte
très légère en poids : mais dire que ces cent
livres de pommes de terre se réduiront à
trente-trois livres de parties alimentaires,
c'est ce que je n'accorderai pas, parce que
j'ai toujours reconnu que le pain dans lequel les pommes de terre entraient depuis
moitié jusqu'aux trois quarts, faisait, à peu de
chose près, le même usage que l'autre pain,
qu'il trempait très bien dans la soupe, et
que cela en diminuait le prix depuis moitié
jusqu'aux deux tiers, ce qui compensait bien
au delà de la nourriture un peu moins sub-
stantielle qu'il procurait. Au surplus ce pain

n'a jamais passé pour être pesant et lourd sur l'estomac.

Quand M. Bujault dira que les pommes de terre, entrées dans la manipulation du pain, ne comptent pour rien dans les parties alimentaires, je n'hésiterai pas à lui dire que qui prouve trop ne prouve rien, et il y aura de sa part contradiction à énoncer que les pommes de terre à elles seules peuvent fournir une nourriture saine et suffisante pour vivre, et à avancer ensuite que dans la panification elles ne comptent pour rien.

Je me range sous la bannière des économistes, et je suis, comme eux, persuadé de l'avantage de la fermentation panaire et de la possibilité de la faire subir à la pomme de terre avec l'addition d'une faible portion de farine de céréales. Je dirai donc hardiment que la fermentation panaire ne peut lui être que très utile sous tous les rapports d'agrément, d'économie et de salubrité.

D'ailleurs ce sera toujours un moyen de tirer un parti avantageux des pommes de terre gelées que de les employer à plusieurs panifications qui procureront une provision de nourriture de plusieurs mois pour les hommes et les animaux de la ferme. Il en sera de même pour utiliser les pommes de terre qui seront à la veille d'être détériorées par la germination. Cette panification, à cette dernière époque, sera d'autant plus agréable aux pauvres qu'elle prolongera l'usage de la pomme de terre dans ces derniers momens où ils ont épuisé presque toutes les ressources, et qu'ainsi elle les aidera à atteindre la récolte nouvelle.

TABLE

DES MATIÈRES.

——

FIN.